JN257724

濱崎加奈子／監修
勝治真美／編集

淡交社

もくじ

はじめに　濱崎加奈子　2
京菓子とは何か　琳派から考える　5
食べるアート　琳派の世界　27
コラム
和菓子の「こころ」　冷泉為人　44
それぞれの琳派　廣瀬千紗子　62
酒井宗雅から琳派を考える　太田宗達　80
菓子作者一覧　87
おわりに　勝冶真美　88
京菓子を知るための基礎知識　90

はじめに

有斐斎弘道館館長　濱崎加奈子

日本文化をもっともよくあらわすものを一つあげよといわれたら、迷わず「京菓子」とこたえるだろう。四季折々の豊かな自然を色や形で表現する美しい食べ物。そこには、神に捧げる食としての菓子の歴史から、王朝の雅びな文化と教養、また茶道に育まれた「わび」「さび」の世界、禅や道教などの考え方、粋の美意識など、日本文化のあらゆる美的な局面が凝縮されている。また、米や小豆といった素材からは、京を中心として発達した日本の、都鄙の連関の歴史を見てとることもできる。さらに、手わざの文化が育む関連産業の広がりや、贈答に見られるような社会構造とコミュニケーションのありようなど、京菓子をひもとけば、日本の歴史文化のすべてが見えてくるのではないかとさえ思えてくる。

一方、「琳派こそ日本美の代表」などと語られるのを耳にする。そのエッセンスはといえば、抽象性であり、平面性であり、また装飾性、デフォルメの美、工芸としてのデザイン性、自然を捉える視点の豊かさなどであろうか。ここで私たちはハタと気づかされる。これらもまた「京菓子の美の側面」と捉えてもよいのではないだろうか。

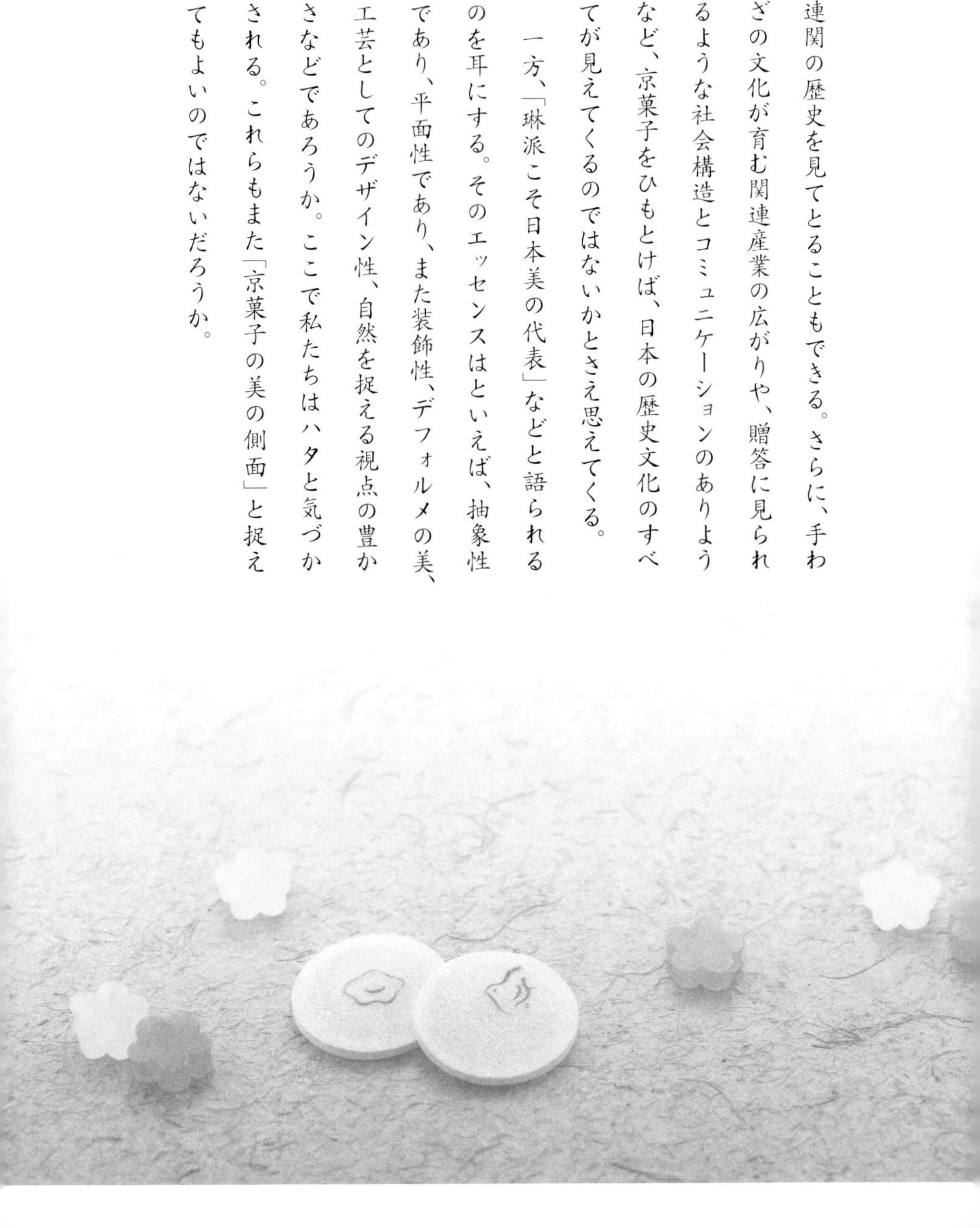

京菓子と琳派。これまであまりその関係性は語られてこなかったが、実は深いところで共通点が見いだせるのかもしれない。そして、そこから、ひょっとして日本文化の神髄が見えてくるのではないか。そんな期待から、十数年前から、各地で京菓子のさまざまな位相を捉える展覧会を開催してきた。本書は、それらの試みの中から生まれたいくつかの菓子作品を通して、京菓子とは何か、ということを改めて考えるものである。ここでは琳派をテーマとした京菓子をご覧いただきながら、日本文化の素晴らしさを、それぞれに発見してもらえたらと思う。

京菓子とは何か

琳派から考える

京菓子とは何か

琳派から考える

京菓子とは

京菓子は「有職儀式典礼（ゆうそくぎしきてんれい）にもとづく菓子」、または茶道に用いる菓子」と定義される。有職故実（こじつ）は千年の京（みやこ）において育まれ継承されてきた朝廷の文化であり、茶道は室町時代から江戸時代にかけて武家や町人を中心に発展した日本を代表する伝統文化である。そういう意味で、京菓子は、京都という歴史と文化の厚みの上にのみ成立し得た、類（たぐ）い希（まれ）なる食文化ということができる。ところが、この世界中どこにも見られないような高い精神性と文化性をそなえた「京菓子」について、これまでそれほど深い理解がなされてきたかというと、そうではないように思う。漠然と「きれい」「美味しい」あるいは、高級なイメージで語られ、また近年では「かわいい」という言葉で評価を得る一方、多くの「商品」があふれる時代にあって「ほんとうにこれを京菓子といってよいのだろうか」と、ちょっと迷うようなものがあるのも事実である。

京菓子とは、一体どのようなものなのだろうか。日本文化が見直されている今こそ、改めて捉え直してみる価値があるだろう。その際、「琳派」という視点は有効かもしれない、と思う。

ここでは、まず「京菓子の美」について具体的に捉えた上で、琳派との関係について考えてみたい。

色と銘による想像力の世界

京菓子の代表として「きんとん」を例に考えてみよう。「きんとん」は、餡（あん）のまわりに着色したそぼろ餡を箸で寄せて丸く成形した菓子である（10〜11頁参照）。もともと「金団」などと表記され、「団」は「塊」

というほどの意味であって、餡を丸く固めただけの素朴なものだったかもしれない。それを、いつ誰がこのような雅びな菓子に仕立てたのだろうか。やわらかさ、陰影と奥行き、素材感、そして何より口の中でなめらかに、ふんわりと溶けていく独特の食感、上品な後味。多くの茶人により洗練されてきたからこそ育まれたもの、とつくづく感心させられる。

　きんとんの美しさはどこから来るのだろうか。一つには、当たり前のようだが「シンプル」という点にあると思う。

　百合根の中心の真白な部分のみを取り出して丁寧に裏ごしした、文字通り純白なきんとんは、見た目からも、また食べても雪を想像させる。あるいは、貴重な白小豆（しろあずき）を用いた白い餡と、淡いピンクに染めた餡を合わせてギュッと竹のとおしから押し出せば、白雲にまごう桜のごとき春のきんとんとなる。

　こうしてきんとんは、色によって十二ヶ月をあらわすこともできるし、さらに繊細に季節のあわいを捉え、季のうつろいそのものをもあらわすこともできる。今日その日のきんとんは、どんな色で表現できるだろうか。どの色の組み合わせであらわすことができるだろうか。もっといえば、一日の間でも、朝と昼と夜とでは光の具合は異なるし、室内と屋外とでは同じ色でも見え方が違ってくるのだから、実際には一つとして同じ色のきんとんはあり得ない。そこまで考え尽くして色を作り、菓子にすることができるのが「きんとん」なのである。また、そぼろの大きさや、とおし目の形状によっても全く違う表情を見せてくれるし、中の餡の色を替えたり、透かして見せたり、盛る器を替えたりすることでも変化をもたらすことができる。

　このように、形は一定でも、色や素材の扱いの違いによって、実にさまざまな表現ができるのである。そして、さらに京菓子（ここでは、きんとん）の表現の可能性を無限にしているのが、「銘」である。

銘こそ、日本文化における最大の「発見」ではなかろうか。楽器や茶器に銘をつけることにはじまり、香のかおりという目に見えない匂いにまで名前をつけて想像力に遊ぶ日本人の感性は、幾度思いを馳せても素晴らしい。なかでも、京菓子における銘は、茶道によって洗練され続けているだけあって、実に豊かである。

たとえば、赤と白に染め分けられたきんとんに、どのような銘をつけるだろうか（10頁参照）。「此の花」とすれば、「この月の花」の意として梅花を指すことになるだろう。一つの樹に紅い花と白い花をつける特別な梅の品種にあやかり「思ひのまま」と名づけてもよい。あるいは「友白髪」とすれば、翁媼の長い歳月を喜ぶ菓子となる。では、このきんとんに「光琳」と名づけてみよう。さすれば、誰の頭にもあの尾形光琳の「紅白梅図屏風」が浮かぶことだろう。そのような共通の認識のもと、目の前のきんとんに黒文字を入れると、中の餡が水色だったりする。なぜこの色なのか。誰しもがあの画に描かれた光琳の水を想像するに違いない。

銘とは、共通の認識のもとに遊ぶ知的風流である。「紅白梅図屏風」がわからなければ成立しないが、知っていれば連想はどこまでも広がっていく。作り手は客の好みや食される場を読み込み、形を作る。客は自らのためにあらゆる想像力を働かせ、また手間をかけて作られたその小さな塊から、作り手の意図を読み取ろうとする。そこには、主客が共に参加する一座建立の喜びがあり、言葉だけではなし得ない深い感動的なコミュニケーションが存在している。

有職と茶道　京菓子の二要素

きんとんを例に、さらに話を進めてみよう。たとえば、紅白きんとんのどの部分が有職で、どの部分が茶道なのだろうか。

まず茶道的な要素を探してみよう。きんとんのどの部分に茶道のエッセンスを見てとることができるだろうか。当然ながら「主菓子」という基本的な形態が第一にあげられる。正式な茶事において、主菓子は懐石や酒の後にいただくものである。その後、いったん露地に出て、ふたたび茶室に戻ったあと、濃茶をいただくことになる。ついでにいえば、その後、「干菓子」をいただき、そして薄茶となって茶の湯の一会が終わることになる。つまり、茶事においては、主菓子と干菓子の二種類の菓子が登場するのである。

ここで茶会における菓子の役割を考えることが重要となってくる。主菓子は掛軸のテーマをもとに抽象的に表現するといわれる。重量は五十グラム程度。主菓子をいただいた客は、その視覚的印象を脳裏に抱きつつ、また口中にも甘味を残したまま茶室を出るのである。そして、露地の空気を吸って改めて入った茶室は室礼も替わっており、そこで濃茶をいただくことになる。濃茶は、茶樹の萌芽部分のみを石臼で挽いた香り高い抹茶を少量の湯で練り上げた飲み物で、一座全員で「飲みまわし」をする。緊張感とともにカフェインによる高揚感も相俟って、ここで客同士、また亭主との一体感が結ばれる。その時、主菓子の印象は客のいずこにあるだろうか。すでに目の前になく、体内にあって色も形も茶とともに融合し、その結果、言葉を越えた精神の結びつきに貢献しているのである。否、作り手はそのように貢献するべく意匠と味を作るのである。主菓

紅白きんとん

「此の花」「思ひのまま」「友白髪」「光琳」など、紅白に染め分けられたきんとんに銘をつけることで、全く異なるイメージの菓子となる。

尾形光琳「紅白梅図屏風」（ＭＯＡ美術館蔵）

きんとんの彩り

きんとんは、形は同じでも、素材の扱い方の違いのほか、そぼろ餡の色や大きさ、とおし目の形状などにより、多彩な表現が可能。

京菓子における、茶道と有職の視点

削ぎ落とした形と色や銘に美の要素が融合する。

「唐衣」/外郎製：光琳の「燕子花図屏風」にも思いが及ぶ

「松」/こなし製：こなしの色を赤に替えることで「光琳様の梅花」にもなる

子は、主客の交歓という「茶会の目的達成のための重要な要素」ということがいえる。

一方、干菓子は、見てすぐそれとわかる具象的な意匠が多い。濃茶で高まった緊張感をやわらげて、日常へと引き戻していく役割を担っているようにみえる。非日常を演出する抽象的な意匠の主菓子に対して、日常的な感性をやさしく表現するのが干菓子といえるだろう。

京菓子において、もう一つ欠かすことのできない要素である、有職故実の世界はどうだろうか。きんとんでは、それは「色」に凝縮されているように思う。襲ねの色目を持ち出すまでもなく、王朝文化における色は、単に美しいというだけではなく、自然を鋭く切り取る和歌の感性とともに、文学的なセンス、また貴族社会における社会的な立場や前例にもとづく知識などを含めた、王朝文化の結晶でもある。色使いだけで人を判断できるといっても過言ではない豊かな色彩の世界は、鄙に対する京の感性であり、「雅び」たるゆえんである。

では、きんとん以外の菓子はどうだろうか。たとえば、白と紫の外郎を山形に畳んだような形状の菓子(11頁左上参照)。一目見て何をあらわしているかおわかりになるだろうか。形状から見て「袴」を菓子に仕立てたものともいえそうだ。あるいは、遠山の景色にも見え、また花畑を抽象的にあらわしたものかもしれないなどと想像をめぐらせてみる。だが、そこで「唐衣」という銘を聞けば、その瞬間、『伊勢物語』第九段の世界と納得するだろう。平安時代きっての色男である在原業平の東下りをテーマにした物語で、「唐衣」とは、「からごろも　きつつなれにし　つましあれば　はるばるきぬる　たびをしぞおもふ」の歌からとられた銘であり、その形状は「かきつばた」をあらわしたものと知るのである。

また、緑色にぼかしたこなし生地を絞り布巾で絞った跡の残る菓子はどうだろうか(11頁左下参照)。指の置き具合や微妙な力加減によって表現されるこの繊細な形から想像をめぐらせた末に、「松」ではないかと思い至る。なぜ松と判断できるのかといえば、三つの山形をなしている形状のほか、色も重要な決定材料となる。自然を徹底的に見つめ、葉の一枚一枚まで分析し、その性質を知り尽くした末に、どこまで削ぎ落とすことができるのか。その結果が、この色と形なのである。

京菓子の削ぎ落とした形に茶道を見、色に有職の世界を見る。また、銘の根底にも王朝文化が流れている。有職と茶道の、ある種相反する美の要素を互いに譲れないところまで重ね、両者合致するところで再び削ぎ落とした極みとして、京菓子は日本文化の一つの美の頂点に位置づけることができるだろう。

そして、この、京菓子における有職と茶道の視点は、実は琳派の意匠とも共通しているのである。

京菓子と琳派／自然と意匠　手のひらの自然

光琳様の特徴の一つに、自然美の様式化という点があげられる。自然を取り込んだ琳派の意匠は、着物や器、調度品などに取り入れられ、今なお私たちの暮らしを装飾し続けている。茶道は茶を飲むという日常の行為を芸道にまで高めた文化であり、そこから日常に用いる器や住まいの空間装飾（室礼）にも大きな影響を与えている。掛軸は言うに及ばず、焼き物や鉄のもの、染織や塗り物、指物や左官など、

光琳様の木型と干菓子

現存する最古の菓子の木型は、江戸時代中期頃のものである。京菓子が大成したとされる元禄期、市場の広がりに相応して菓子が増産されるようになった。折りしも「小袖雛形本」に光琳模様があらわれるのと同時期であるのは、大変興味深い。木型とは、同一無二の琳派意匠を大量生産する、増殖装置である。芸術と工業デザインの境目ともいえよう。

木型と干菓子（左上から、菊／千鳥／雪輪）

さまざまな技術が育まれてきた。琳派の意匠もそのような技術とともに育まれ、広められてきた。同時に、意匠のテーマにはふんだんに王朝文化を彷彿とさせるものが用いられている。たとえば、それは尾形光琳の「八橋蒔絵螺鈿硯箱」であり、また定家の小倉百人一首を描いた「光琳かるた」なども想起されよう。琳派の美の拠りどころは、平安貴族の美意識であり、根底にはつねに王朝文化が流れている。

むろん、その発端ともいうべきは、十七世紀前半の京都における王朝文化と町人文化の出合いにある。後水尾天皇時代の寛永文化サロンには、本阿弥光悦のほか、立花の池坊専好や茶の湯の千宗旦、金森宗和、小堀遠州らが集い、後水尾天皇中宮の東福門院和子の着物を手がけた呉服商・雁金屋に生まれた光琳が、そのトレンドを人々に広めることになるのである。琳派もまた、有職と茶道の文化の上にあるといってもよいと思う。

さて、これまで琳派と京菓子の意匠について語ってきたが、近年「意匠」という語はあまり使われなくなっているように思う。しかし、「デザイン」という言葉では抜け落ちてしまう部分があるような気がするのだ。美の形を作るという意味では共通しているが、手を動かし、手から生み出される「知」であるという点が重要ではないかと考えてみる。頭で考えるのではなく、手を使うからこそ生まれる工夫の力。しかも、その工夫は、単に個人の感覚的なものではなく、和歌や物語などの伝統的な知識の上につむぎ出される知的創造の世界であるところが重要なのではないだろうか。手から生み出される「知」は、素材を知り、使い手（菓子の場合は客）の立場にたって考えてはじめて発揮される「知」でもある。どのような環境で使われ（食べられ）るのか、どのような人が使う（食べる）のか。季節はいつなのか……。それらすべてを把握し想像する中で、素材を知り尽くした「手」が生み出していく。

京菓子と琳派。いずれも、自然を捉え、わざをもって美をかたちづくる芸術である。人の手のひらから生み出される自然であり、手のひらで触れ、手のひらの上に載せて使い、慈しみ、また食べることのできる小さな自然なのである。

光琳文様と京菓子　抽象と具象、その融合

自然を写す琳派の文様が、菓子に取り入れられている具体的な例を見てみよう。

光琳のデザイン本ともいえる江戸時代の『光琳ひいなかた』には「かうりんもよう」として「かうりん梅の花もやう」「かうりんきり」「菊光林」などとあり、いずれもシンプルな輪郭のみで花鳥風月の特徴を浮き彫りにしているのは見事である。たとえば、丸にへの字を描くだけで菊。「光琳菊」として、京菓子の代表的な意匠にもなっている。二次元に落とし込む平面の美は琳派の特徴といわれるが、これを菓子としてふたたび三次元の立体として構成し直すのも面白いところである。さりとて、写実になるわけではない。平面の美がそのまま立体になるかのような面白さ。しかし、今これを菊と即座にわかる人がどのくらいいるのだろうか。一方で、ひとたび菊とわかってしまえば、菊にしか見えないから不思議である。しかも、この光琳菊の菓子は一通りではない。

中ほどをくぼませただけの丸く白い薯蕷饅頭（じょうよまんじゅう）。このままでも光琳菊の菓子なのだが、これに丸く

「梅」／寒氷製：琳派様の梅の「抜き型」を使用。寒氷は、砂糖の詰め加減がわざである

「光琳梅」／羽二重製：光琳様の梅が、手でかたどることにより素朴に表現されている

「梅」と「千鳥」／せんべい製 ：そぎ種を丸型で抜き、2枚に削ぎ、おぼろ側（内側）を外にして、色づけした餡をはさんだせんべいに、琳派様の焼き印を押す

『光琳図案』に載る「秋菊」（芸艸堂蔵）

落雁製の「光琳菊」

焼き目をつければ、また違った風情の光琳菊となる。デザインだけではなく焦げ目をつけることで、材料に含まれる米粉の澱粉質がアルファ化され、これが美味しさのもととなるのは重要である。見た目のデザインが一人歩きすることなく、常に「食」であるという視点とともに生み出されるところも、菓子ならではの面白さであろう。さて、この焼き目の入った薯蕷饅頭の光琳菊の中ほどに黄色いこなしをちょっと載せると蕊になる。さらに、織部（緑色のぼかし）をつければ葉となる（22頁下参照）。ぎりぎりまで削ぎ落とした真白の光琳菊から、少しく具象を加えた光琳菊まで。とはいえ、この段階でもかなり抽象化された意匠であることには違いない。そして、このようなバリエーションの工夫は、無数にほどこすことができる。くぼみの大きさ、位置、蕊の色、織部の位置、ぼかし方。おなじ光琳菊でも作り手によって違うものが生み出されるし、同じ作り手でも客や状況に応じて変えることができる。伝統の「型」がありながら、これを応用しつつ自由に発想していくことができる面白さは、あらゆる日本の伝統文化に共通している。琳派の文様しかり。受け手の感性の深さや教養の幅に応じて楽しみ方に厚みが増すのも同じである。

食べるアートの世界へ

これまで琳派の作品と京菓子の共通点を見てきたが、両者が決定的に異なる点がある。それは、京菓子が食べ物であるという点である。当たり前のようでいて、実はまじめに考えられたことはあまりないのではないだろうか。たとえば、俵屋宗達の「風神雷神図屏風」を口に入れたいかといわれると、おそらくほとんどの方は食べたくないというだろう。技術的には「風神雷神図屏風」をほぼそのまま菓子の材料で再現することは不可能ではない。しかし、それではダメなのだということである。まずは「食べたい」と感じてもらえる形に仕立てなければならない。これは実は大変なことではなかろうか。ひょっとして「菓子とは何か」という本質にかかわる重要な点を解く鍵かもしれない。つまり、食べることのできる材料で作ればよいのかというと、そうではないということである。甘くすれば菓子になるというわけではないのである。では、「菓子であること」には、どのような意味が込められているのだろうか。

菓子は「食」という、人間が生きていく上で必要不可欠なものの範疇にありながら、生きていく上

菓子でたどる琳派の系譜

伝統の「型」がありながら、それを応用して
自由な発想が生まれる面白さがある。

「宗達・光悦の扇面」／落雁製：琳派の淵源とされる宗達と光悦の、扇とのかかわりを知ると、なるほどとわかる

「光琳菊」／薯蕷製：中ほどをくぼませただけの真白な薯蕷饅頭に意匠を加えることで、さまざまな光琳菊となる

「其一の桔梗」／こなし製：見たままに、桔梗とわかる形がかえって面白い

「抱一の朝顔」／こなし製：絞りあげた布巾によって自然にできる筋目が、花の特徴をシンプルに捉えている

で必要とまではいえない、いわば余分なものといってもよい存在である。といって、菓子というものがこの世の中からなくなってもよいかといわれると、それはとてもさみしい気持ちになる。

日本の菓子概念のはじまりは、果物であるといわれている。神話においてそれは、橘とされる柑橘の実である。しかも、常世の国（神仙の国）からもたらされた不思議な果実とされている。常世は永遠の世という意味であり、死という概念そのものが存在しない世界である。「菓子」という概念のはじまりが、そのような時間という刻み目のない世界にあると考えられていたのは示唆的である。つまり、生きるために必要か否かという考え方そのものがあてはまらないのである。しかしながら、不死（不老）が永遠の憧れであることは今も昔も変わらない。その実を食べることが叶えば、不老不死を手にすることができるのである。だが、不死を永遠に取り戻すことはできないと神話は語り、にもかかわらず人間はそれを取り戻そうとする絶望的な足掻きをするのであって、それこそが「儀礼」の本質である、と文化人類学はいう。まさに、現在でも儀礼や祭祀において神に捧げられるのは菓子と酒であり、神と人をつなぐものなのである。

菓子とは本来、今でいうところの「スイーツ」ではない。果物であり、木の実である。そして、もっとも洗練された京菓子に形を変えても、本来菓子が携えていた精神性—神と人をつなぐ役割—は、脈々と受け継がれている。

日本において、神とは「自然そのもの」といってもよいだろう。自然に祈り、自然と一体となって、自然の恵みに感謝する。それが「祭」であり、その時、菓子は必要不可欠なものである。そうした始原的

わざが冴える、琳派の京菓子

羊羹に細工したり型で抜くことで、その表現はさらに広がっていく。

「松」／羊羹製：包丁を使って細工することを「包丁」といい、羊羹の表面に切れ目を入れることで松を表現

「雪輪」／淡雪羹製：生菓子を「抜き型」で抜くのは難しく、力の掛け具合でその美しさが決まる

なものとしての菓子に「意匠」がほどこされ、京菓子はついに「食べるアート」となったのである。「食べるアート」としての京菓子であるからこそ、菓子の本質である「祈りの心」を写し、それが形となり、意匠となっているのだといってもよい。それこそが京菓子の意匠の原点であり、また到達点でもあるのかもしれない。

翻って、「菓子を食べる」という行為は、森の中で赤い実を求め、また神仙の国に不死の果実を探したごとく、本能に立ち返る意味で人間存在の原点に触れることである。同時に、有職や茶道という文化を背負った食べ物として、人間の歴史をもひもとくことのできる存在でもある。「京菓子」は、自然か人為かというギリギリの境界に、なかば奇跡的に存在し得ているといってもよいだろう。

極論すれば、人間が菓子を食べることは、自然と一体になること。菓子を失うことは、自然に生かされ育んできた文化を失うこと。これを食べることは、文化を生きることでもある。これを表現しようとすることは、自然に生かされる日本人の文化そのものをあらわすこと。しかも、このことは、アートの本質そのものでもあるということにも気づかされる。芸術を通して人は自然に目覚め、時に人間の本性に立ち返るきっかけを得ることができるし、先人がなしてきた文化と歴史に感動し、学び、また吸収することができる。そして、このようなことは、琳派の意匠との共通点でもあるのである。

自然との共生が叫ばれる今こそ、文化の果たす役割は大きい。京菓子と琳派の世界が、改めて見直されるべき時がきている。（濱崎加奈子）

食べるアート
琳派の世界

いま、創造される琳派
京菓子から

京菓子と琳派の関連について、前章では歴史的な観点から見つめてきたが、ここでは、現代において「琳派」をテーマにして制作された菓子から考えてみたい。

本章で紹介する菓子は、江戸時代、多くの文人たちが集った学問所址である有斐斎弘道館（ゆうひさいこうどうかん）において、年に一度開催している京菓子展に出品された作品の一部である。平成二十五年（二〇一三）に開催された「京菓子と琳派―意匠と創造」では、京菓子と琳派における「意匠」に焦点をあて、有形無形の事物をいかにデザインにするか、というその創造的なプロセスの中にこそ、京菓子と琳派の共通項があるのではないかと考えた。また、翌二十六年（二〇一四）のテーマは「手のひらの自然―京菓子と琳派」。琳派の作品に見られるように、日本人は、屏風や着物、扇や硯箱といった生活の中で使われる日用のものにも「花鳥風月」を求め、飾ってきた。その自然への想いは京菓子でも同様で、自然に取材し、季節の繊細なうつろいを菓子に写し取ってきた。私たちの自然観が確かに京菓子にも琳派にも通底しているということを実感できる展覧会となった。

また、平成二十六年の展覧会では、作品を公募するという試みを行った。創菓部門とデザイン部門に分けて募ったのだが、それは、菓子製造に携わる方でなくても、「デザインする」という行為を通して、琳派を知り、京菓子についての理解を深めていただけるのではないかと考えたからである。

果たして、高校生から海外在住の方まで、幅広い層の方々から応募があり、「京菓子や琳派について興味が深まった」などの感想をいただいたのは嬉しいことだった。

作品の中には、琳派の具体的な作品から想を得て作られたものだけでなく、伝統を踏まえながら新たな創造をする琳派の取り組みになぞらえて創菓した意欲的な作品や、一人の絵師や作品にこだわらず、琳派そのもののイメージから形を作り出したものなど、さまざま見られた。どれも琳派という先人の仕事から学び、また、作り手の手わざ、感覚、あらゆるものが媒介となることで誕生したものである。いわば、琳派への「私淑（ししゅく）」の一つの形ではないだろうか。

なお、展覧会を開催していると、しばしば「この菓子は購入できるのか？」という質問が寄せられる。京菓子は、もともと一点一点オーダーで作られるのであって、店頭で販売されている数種類のものから選んで購入するというものではない。そのうえ、オーダーというのは、茶席菓子でいうと、客や場を想定して亭主が店（職人）と一緒に考案してこそ、はじめて成立するものである。

これからご覧いただく菓子の数々は、伝統的な京菓子の原材料だけを用いて製作されており、想像以上の技術や手間ひまがかけられていることにも思いを馳せていただければと思う。そして、その過程において新たな技術の数々も生み出されている。つまり、一点一点が、アートとしての固有の「作品」なのである。有斐斎弘道館では、これからも京菓子展を開催するとともに、菓子文化が育まれた伝統的な数寄屋建築の維持保存を通して、日本文化の奥深さを伝えていきたいと考えている。

風神雷神
Gods of Wind and Thunder

俵屋宗達が描いた「風神雷神図屏風」は、多くの絵師たちによって模写され、琳派の継承を象徴する作品となっている。緊張感のある画面構成、たらし込み技法による雲の表現などが多くの絵師たちを惹きつけてきた。この宗達の先進性が、薯蕷、葛、かたくりの菓子となって京菓子の作り手たちに受け継がれた。

The "Gods of Wind and Thunder" by Tawaraya Sotatsu have been copied by many artists, consequently becoming a symbol of Rimpa's succession. Features such as the use of dramatic structure or clouds painted with the *tarashikomi* (feathering) technique, have long attracted Japanese painters. Sotatsu's innovative spirit has been taken on by the creators of *kyogashi*, who have applied it to confectionery using *joyo*, *kudzu* or *katakuri*.

俵屋宗達「風神雷神図屏風」(建仁寺蔵)

風神雷神×唐獅子

Gods of Wind and Thunder vs. Foo Dog

薯蕷製／Joyo

宗達が描いた「風神雷神図屛風」そして「唐獅子図」。
両図に共通する構図や特徴を踏まえた菓子。

This piece is based on the "Gods of Wind and Thunder" and "Foo Dog" by Sotatsu. It plays on the similarities of both paintings, such as the likeness of the composition.

二神一体
Two Gods in Unity

葛製／Kudzu

葛を用いて雰囲気のある透明感を出すとともに、中の餡(あん)の色が透過されることで、二神の合一を表現している。

The author uses *kudzu*, a transparent material with a quality of depth, exposing the color of the *an* inside, and reflecting the unity of the two gods.

風神雷神の福笑い

Gods of Wind and Thunder Laughing

かたくり製／Katakuri

よく見ると、ユーモラスな表情の風神雷神。それぞれのパーツをかたくり製の菓子で抜き出し、さらに表情がコミカルとなった。

Looking closely at the expression of the Gods of Wind and Thunder, we can see that they are actually quite humorous. Their laughs were crafted into sweets made out of *katakuri*.

群鹿
Herd of Deer

「群鹿蒔絵笛筒」は本阿弥光悦作と伝えられる、金地に金高蒔、金貝、螺鈿、鉛貼付の手法で群鹿が描かれた笛筒。光悦の卓越した技法が冴える。この菓子では錦玉（寒天）の中にこなし製の鹿などが繊細にほどこされる。着想の元となった笛筒とその意匠だけではなく、技法の繊細さという面でもリンク。錦玉の中に溶けやすいこなし製の細工を浮かべる、という難しい技法も見どころ。

錦玉製／Kingyoku

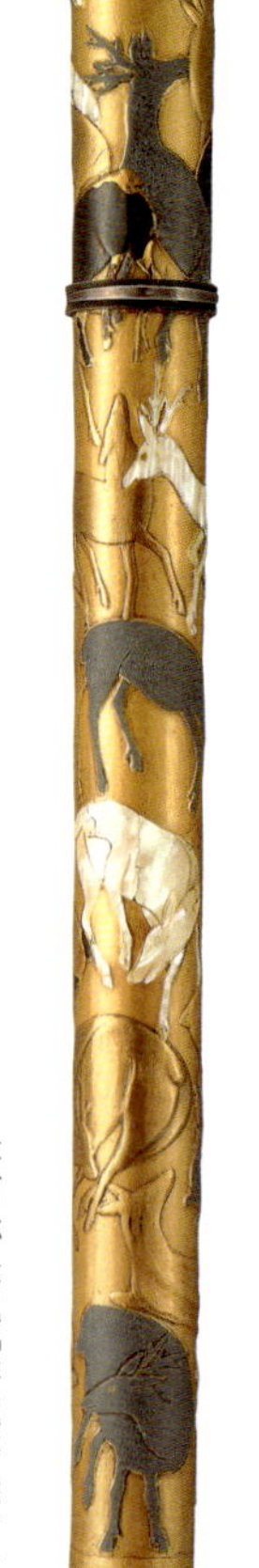
本阿弥光悦「群鹿蒔絵笛筒」（大和文華館蔵）

The "Flute with Deer," a golden lacquered flute adorned with Mother-of-Pearl inlay, gold, lead and other metals, depicting a herd of deer, is said to be the work of Hon'ami Koetsu. It is a brilliant piece of art, showing off Koetsu's enormous artistic skills. These *kingyoku* sweets are delicately decorated with deer and other objects made out of *konashi*, linking them to the original piece of art not only visually, but also through the use of highly skilled technique. They are made by placing the fragile and highly soluble *konashi* into a *kingyoku* base, a process which requires a great level of skill.

海の幸

Sea Treasure

抽象的に意匠化することの多い京菓子では、動物を表現することは難しい。光琳の描く河豚（ふぐ）のぷっくりとした愛らしさが、不透明であるという羽二重（はぶたえ）の特徴をうまく活かして表現されている。両端を少しつまんで出すことで口と尾ひれをあらわす、その繊細さと大胆さが同居する魅力的な菓子である。

羽二重製／Habutae

In the abstract world of *kyogashi*, it is actually quite difficult to portray an animal. The charm of Korin's image of an inflated pufferfish is conveyed using the opacity of *habutae*. By slightly pinching both ends, the author created a hint of a mouth and a tail fin. It is this subtlety together with boldness, which makes the work so appealing.

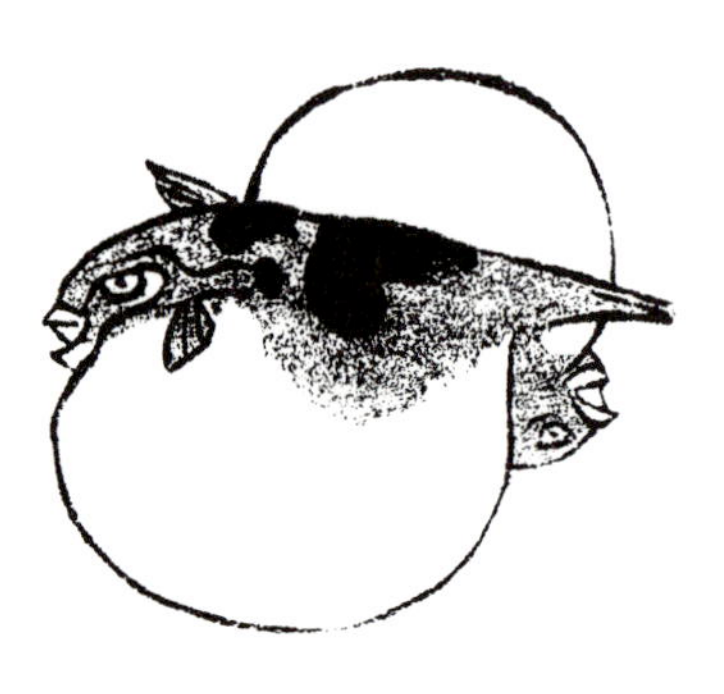

『光琳図案』より「河豚」（芸艸堂蔵）

千鳥

Plovers

千鳥は琳派でよく用いられる意匠である。この作品は、外郎地を使って三角に折りたたむようにして餡を包むことで、光琳の千鳥のフォルムを映している。立体感と温かみのある雰囲気が、いつの時代も人々を和ませてきた千鳥のイメージを表現する。この菓子のように、餡の包み方の工夫でさまざまな表情を作り出すことができる。

外郎製／Uiro

Chidori (plovers) are a very popular theme among Rimpa artists. By covering *an* with a triangular *uiro*, the author conveys the shape of Korin's *chidori*. The stereoscopic effect and the warm atmosphere beautifully expresses the nature of *chidori*, a pattern which has been loved by many throughout the generations. Various expressions can be made just by using different ways of wrapping the *an*.

『光琳図案』より「千鳥」(芸艸堂蔵)

野に遊ぶ
Playing in the Fields

餡を丸めて生地(きじ)で包む、というそもそもの京菓子の特性が、デザインの上で制約になることなく、むしろそれをうまく活かす形で子犬が表現されている。丸めた足はヘラで、垂れた耳は焼きゴテで、伝統的な技法が使われている。また、羽二重という素材を使うことによって、白い子犬のやわらかさを醸し出している。

羽二重製／Habutae

In this piece, the characteristic feature of *kyogashi*, a sweet bean paste wrapped in dough, is cleverly used as part of the design, rather than becoming a limitation. The author is using simple traditional confectionery tools such as a spatula to craft the puppy's legs, and a branding iron for the ears. The soft nature of *habutae*, the outer skin, represents an image of the puppy's tenderness.

俵屋宗達「狗子図」（神奈川県立近代美術館蔵）

Chu♡n

竹林からちょこんとこちらを覗く雀。そんな神坂雪佳の代表作から雀を抜き出して意匠化した。染め分けた生地に焼き印を入れるだけ、というシンプルな技法だが、センスの問われるわざによって、一層雀の愛らしさが際立つ。琳派に私淑し、明治時代から昭和時代初期に活躍した雪佳は、江戸時代後期の中村芳中らとともに「かわいい」琳派の代表格である。

薯蕷製／Joyo

The original is a woodblock print by Kamisaka Sekka, showing a sparrow peeking out of a bamboo forest. In this confectionery, the main theme was turned into somewhat of an abstract design. Using a simple technique of two-toned dough and branding amplifies the adorability of the sparrow's face. Active in the first half of the 20th century, Sekka is a representative of "kawaii" Rimpa, together with figures such as the late Edo period painter Nakamura Hochu.

神坂雪佳「百々世草（雪中竹）」（芸艸堂蔵）

和菓子の「こころ」

冷泉為人

れいぜい・ためひと
昭和19年（1944）、兵庫県生まれ。上冷泉家第25代当主。日本美術史家。専攻は近世絵画史。関西学院大学大学院文学研究科美学美術史専攻博士課程修了。大手前女子大学教授、池坊短期大学学長などを歴任。現在は、公益財団法人冷泉家時雨亭文庫理事長のほか、立命館大学特別招聘教授、同志社女子大学客員教授などもつとめる。おもな著書に『冷泉家・蔵番ものがたり』（日本放送出版協会）、『冷泉家歌の家の人々』（書肆フローラ）、『五節供の楽しみ』（淡交社）などがある。

❖和菓子

茶の湯の菓子は、日本人の「資質」「自然観」「こころ」といったものを象徴的に表現している。つまり「和菓子」、なかでも「京菓子」は「四季」、節句などの「年中行事」、「十二ヵ月」など、それぞれの景趣や風情を、すなわち景色や自然の移ろいの風趣を、わずか四、五センチ の大きさの菓子の形と色のうちに表現している。

「和菓子」の「和」は、周知のとおり、日本あるいは日本人を表象することばである。近年、ユネスコの世界無形文化遺産に認定、登録されたものに「和紙」と「和食」がある。これらは日本独自の文化として世界に認められたが、「和菓子」も日本独自の文化そのものである。

❖日本人の「資質」「自然観」「こころ」

この日本人の「資質」「自然観」「こころ」は、平安時代の王朝びとの優雅な文化的生活のなかから醸成され、確固たる文化の典型にまで洗練されてきたものである。

　このことを表現する代表的なもののひとつが、最初の勅撰集である『古今集』（九〇五年）である。この勅撰集の編集、つまり「部立」は、まず「春・夏・秋・冬」の順に選ばれ、この後に「賀歌・離別歌・羇旅歌……」などと二十巻つづく。

　このように、はじめに春夏秋冬の四季の自然の景色を詠んだ和歌が編集されていることは、よほど注目されてよい。すなわち、日本人は自然の四季の移り変わりの微妙な景色、景趣を大いに愛でたということである。

　このことを見事に表現しているのが、あの清少納言の『枕草子』（一〇〇一年頃）である。『枕草子』の第一段目に「春はあけぼの」「夏はよる」「秋は夕暮」「冬はつとめて」と、四季の景色、風情を象徴的に記し、これにつづく第二段目に「頃は……、すべてをりにつけつつ、一とせながらをかし」と、月々の、いわゆる十二ヵ月それぞれの景趣のあることを取りあげている。さらに、これらにつづけて「年中行事」を「をかし」と明言している。

　鎌倉時代の藤原定家は『拾遺愚草』（一二一六年）に、十二ヵ月を象徴する「花と鳥」を次のように規定している。

　正月は柳と鶯、二月は桜と雉、三月は藤と雲雀、四月は卯花と郭公（時鳥）、五月は盧橘（夏蜜柑）と水鶏、六月は常夏と鵜、七月は女郎花と鵲、八月は鹿鳴草（萩）と初雁、

九月は薄と鶉、十月は残菊と鶴、十一月は枇杷と千鳥、十二月は早梅と水鳥。これが鎌倉時代の和歌にみる十二ヵ月の花鳥を象徴する典型である。

以上の物語、和歌などの文学の「規範」「法則」「典型」が「型」となり、それが日本人の「こころ」の伝統、古典となった。すなわち、これが俳句の季語から手紙の時候挨拶になったように、日本人の精神の本意、「こころ」となっていったのである。これが江戸時代の「和菓子の銘」にも取り入れられ、今日の「茶の湯の菓子」となった。

❖和菓子の銘

ここで頭に浮かぶままに「和菓子の銘」を、正月から十二月まであげてみる。

正月の一月は、何といっても「花びら餅」である。他に「千代の春」「松襲」「えくぼ饅頭」、二月は「鶯餅」「紅梅」、桃の節句の三月は「菱餅」「桜餅」「西王母」、桜の四月は「花衣」「花筏」、端午の節句の五月は「柏餅」「粽」に『伊勢物語』の「唐衣」をはじめ「杜若」がある。六月は文字どおり「水無月」の他、「青梅」「撫子」、七夕の七月は「索餅」の他、「天の川」「夏ごろも」、八月は「水面」「清流」「鏡草（朝顔の別名）」、重陽の節句の九月は「菊花」「着綿」「月見饅頭」、紅葉の秋の十月は「龍田」「唐錦」「栗きんとん」、十一月は旧暦の十月の「亥の子餅」の他、「通天」「紅葉」「秋の山路」、師走の十二月は「雪餅」「冬籠」などなど。

節句には目出度い時に用いる「餅」の菓子が多い。また、今日の季節表現には、旧暦と新暦が入り交じっている感じがあるようである。ここら辺にも、日本人の融通無碍な顔をのぞかせている。

❖和菓子と冷泉流歌道

冷泉流歌道の月次の歌会のお茶時に出す菓子の話である。

何軒かある菓司屋は、「今日の銘は○○です」といいながらも「もしもそれがお気に入らなかった時はお家で銘をつけて下さい」といって帰って行く。まったく京都の老舗の商売であると感心する。流石に京都の菓司屋である。「和菓子」の銘が和歌と密接な関係のあることをよくよく承知していることを明示する話である。

いずれにしても、菓司屋やその職人さんたちは、「おもしろがる」「たのしみがる」と同時に、皆が「よろこぶ」ことを旨として菓子作りをして欲しいと願うばかりである。

つまり、和菓子の古典、伝統を踏まえつつも、それを超越、消化して「新しい」今日的な「型やぶり」の「和菓子」の製作を祈念し、期待するものである。

これが日本の芸道、芸術。

富士と太陽

Sun over Mt. Fuji

酒井抱一（ほういつ）がさまざまな画風で描いた作品を一帖の画帖に収めた『絵手鑑』のうちの一枚「富士山図」。霞（かすみ）がかる富士と太陽、という普遍的な題材を、抱一は太陽を赤くデフォルメして印象的に表現しているが、菓子でもそれがより一層強調され、楽しませる。菓子では霞と太陽だけで富士山は不在。富士山はいつでも私たちの心にある、ということだろうか。

錦玉製／Kingyoku

The original is "Mount Fuji" from Sakai Hoitsu's "Album of Paintings," a series of works executed in different styles. Hoitsu has turned the ubiquitous theme of sun over hazy Mt. Fuji into something unique by painting the sun in red colour. In the confectionery, this originality stands out even stronger. We cannot actually see Mt. Fuji, only the sun and the haze. Perhaps it is trying to tell us that the mountain is always present in our hearts.

酒井抱一『絵手鑑』より「富士山図」
（静嘉堂文庫美術館蔵）
静嘉堂文庫美術館イメージアーカイブ/DNPartcom

白梅紅梅

White and Red Plum Blossoms

中村芳中は、江戸時代後期に活躍した絵師。芳中が描く絵は、どれも曲線が多用され、ぽってりとした可愛らしさが魅力的。『扇面画帖』に描かれる紅白梅も、琳派の他の絵師によるものと比べてもより丸みがあり、やさしい雰囲気がある。たらし込みによる色の滲(にじ)みと絵筆による輪郭線を、こなしのぼかし技法で菓子として表現する。

こなし製／Konashi

Nakamura Hochu was a painter active in the late Edo period. His style is characterized by many curves and thick lines, which give a feeling of tenderness. Compared to the works of other Rimpa painters, Hochu's "Red and White Plum Blossoms" from the "Album of Fan Paintings" are rounder and have a very soft atmosphere. In the confectionery, the *tarashikomi* (feathering) technique and the outline from the original artwork is expressed by blurring the *konashi*.

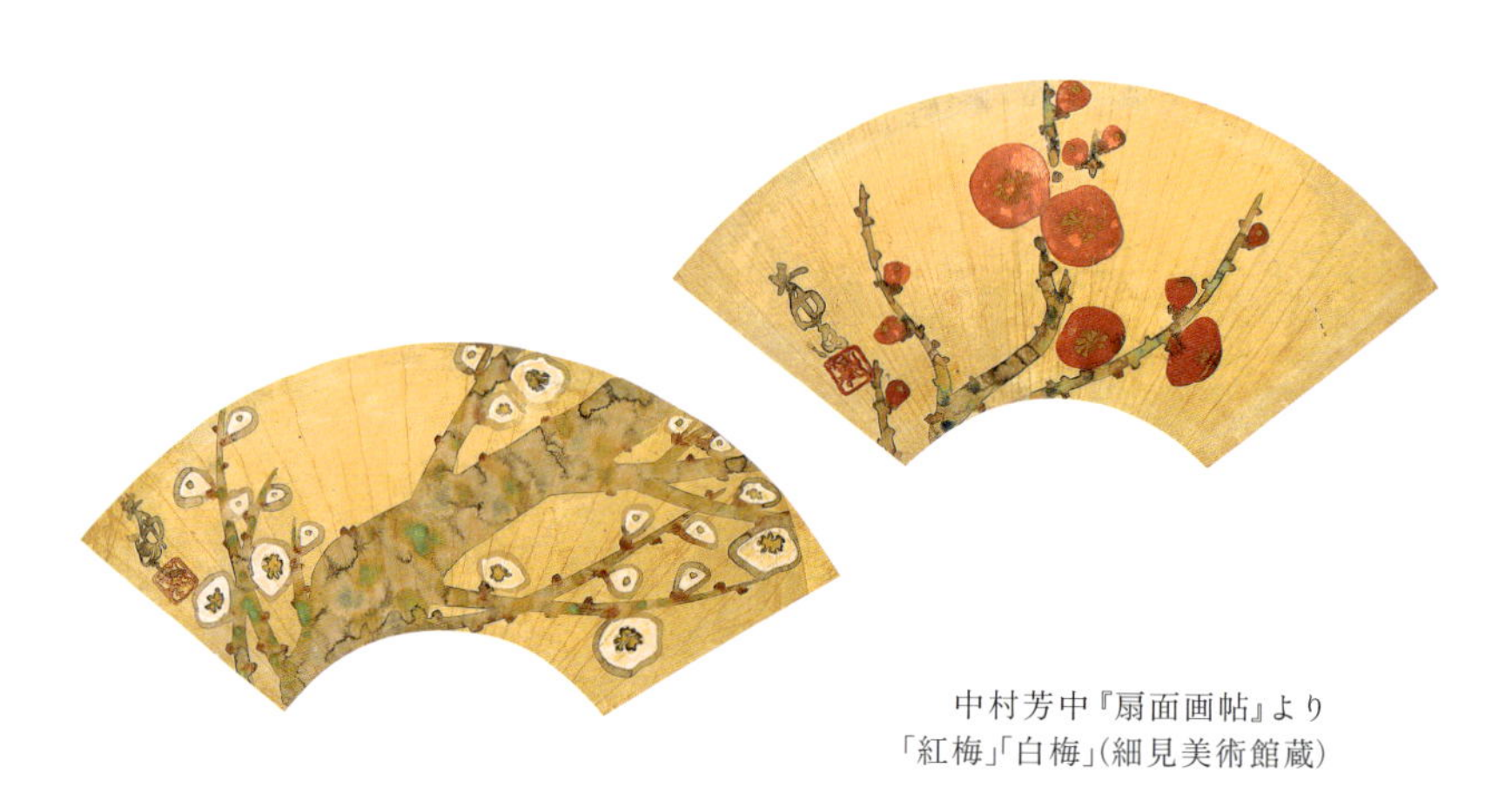

中村芳中『扇面画帖』より
「紅梅」「白梅」(細見美術館蔵)

蔦図光琳

Ivy by Korin

着想の元になったのは尾形光琳の「蔦図香包」。黒、緑、青の三色で蔦がバランスよく描かれた見事な絵図であり、菓子作品においてもベースとなるこなし地に三色の蔦がバランスよく配置されている。また、金箔を振ることで華やかさもプラスされ、余白の妙や軽やかさといった面で、とても琳派らしい菓子となった。

こなし製／Konashi

The idea behind this work came from Korin's "Incense Wrapper with Ivy." The original artwork is showing ivy, painted in beautifully balanced tones of black, green and blue. In the confectionery, this is represented by ivy leaves in three colours, tastefully arranged on a *konashi* base. The gold leaf finish adds a lustrous feel, while the blank space amplifies the overall gorgeous feeling, making it very Rimpa-like.

尾形光琳「蔦図香包」(個人蔵)

遊仙

Traveling the Land of Immortals

勢いのある水波の表現に着目し、水中から鯉に乗って琴高仙人(きんこうせんにん)があらわれる様子を、細幅のこなしを幾重にも重ねることで美しく表現している。こなしの波の合間から、琴高の衣がちらりと覗くという細やかな演出にも注目。白餡をくちなしで黄色く着色することで、水中を泳ぐ鯉をイメージさせる。

こなし製／Konashi

This piece was inspired by korin's painting of Taoist Sage Qin Gao (Jap.: Kinko Sennin), emerging from water waves on a carp. The image of the wave is beautifully expressed by multiple layers of thin *konashi*. We can see a hint of Qin Gao's robe protruding from between the waves. By adding natural yellow *kuchinashi* (gardenia) colouring to the white *an*, the author expresses a carp swimming in water.

尾形光琳「琴高仙人図」(MOA美術館蔵)

秋興

Autumn Delight

鈴木其一(きいつ)の「萩月図襖(はぎつきずふすま)」に描かれる、月に照らされた萩の白と薄紅色の花穂(かすい)という詩情豊かな情景を菓子に落とし込んでいる。こなしのマットな質感と錦玉の透明感が、霞がかる月夜を表現する。京菓子において多く見られる「誰が袖(たがそで)」の技法だが、異質な素材を二重に重ねることで作品に奥行きを与えている。

こなし・錦玉製／Konashi, Kingyoku

Inspired by Suzuki Kiitsu's "Sliding Door with Bush Clover and Moon," this piece brings the poetical scenery of moonlit white and violet flower bunches, into the world of confectionery. The matte texture of *konashi*, contrasting with the translucent *kingyoku*, create an image of a hazy moon. Overlaying two different layers of *tagasode* (kimono sleeve shape, widely used in *kyogashi*) gives a sense of depth to the whole piece.

鈴木其一「萩月図襖」（東京富士美術館蔵）

竜田川
Tatsuta River

大胆な絵付けと斬新なアイディアで知られる尾形乾山の「色絵竜田川図向付」に見られる波紋を、工芸菓子の技法を用いて生砂糖で立体的に作り出している。外郎地のもみじ三種は、短冊形にした外郎地をずらしながら巻いていくことで、その形状を表現している。素材の特徴を知り尽くした作者の技巧が冴えた作品。

生砂糖製、外郎製／Kizato, Uiro

The "Set of Mukozuke Dishes with Tatsutagawa Design" by Ogata Kenzan is well known for its bold painting and novel design. Using the technique of *kogei-gashi* ("confectionery craft"), the author creates an image of a wave out of *kizato*. The maple leaves are made out of strips of *uiro* rolled onto each other. This piece demonstrates the author's thorough understanding of the material and highly skilled technique.

尾形乾山「色絵竜田川図向付」
（MIHO MUSEUM蔵）

凛 Dignity

寒牡丹が藁囲いの中で大輪の花を咲かせている。藁は糖蜜で煮詰めた牛蒡で見立てている。牛蒡は十六世紀の茶会記『天王寺屋会記』において、多く菓子として用いられた記録の残る素材である。牡丹の純白はつくねを用いることで表現する。雪の中、凛とした寒牡丹の佇まいを表現した上品な雰囲気の菓子。

つくね製／Tsukune

酒井抱一「寒牡丹図」（細見美術館蔵）

The inspiration for this piece came from a painting of a winter peony covered with straw. The straw is made out of candied burdock root. According to the "Tennojiya-Kaiki" tea ceremony records written in the 16th century, burdock root used to be a popular material for tea confectionery of the time. The pure white sheen of a peony flower is represented using *tsukune*. The author creates a very elegant image of a winter peony, daringly blooming in the middle of snow.

それぞれの琳派

廣瀬千紗子

当節、街なかには、いわゆる〈琳派〉の意匠がとめどもなく出現していて、目まいがしそうである。それらは、どんな素材にも、形態にも、用途にも、なぜか似合っているような気がする。いや、似合っていないような気もする。どうも、よく分からない。しかし、この際、〈琳派〉の定義をあまり難しく考えるのはやめておこう。

というのも、本阿弥光悦・俵屋宗達から、尾形光琳・乾山兄弟へ、そして酒井抱一と中村芳中へという、いわば〈琳派〉の王道が、時代を隔てて、私淑（ししゅく）によって継承されてきたことに、深い感慨を覚えるからである。出自も、境遇も、生きた時代も異なる先人たちは、師弟関係を結ぶことはなく、もちろん逢うこともなく、心の中の光悦や宗達、光琳を希求（ききゅう）して、切なるものがあった。見ぬ世の人を、師とも、友ともしたのである。つまり、〈それぞれの琳派〉があってよい、ということになるだろう。

〈琳派〉は意匠であるから、素材や形態や用途を選ばない。技法もジャンルも多彩で、平面にも立体にも対応する。屛風、掛物、巻子（かんす）、硯箱、茶道具、食器、団扇（うちわ）、扇。書、絵画、蒔絵（まきえ）、螺鈿（らでん）、陶。いずれも贅を尽くした名品の数々が思い浮かぶが、元禄時代あたりまでは、それらは都市の最富裕層のものであった。

ひろせ・ちさこ
昭和24年（1949）、京都市生まれ。立命館大学文学研究科修士課程日本文学専攻修了。同志社女子大学表象文化学部日本語日本文学科特別任用教授。研究分野は日本近世文学、日本芸能史。おもな共著に『新島八重 ハンサムな女傑の生涯』（淡交社）、『馬琴の戯子名所図会をよむ』（和泉書院）、『週刊朝日百科 世界の文学』第87号「歌舞伎と浄瑠璃」（朝日新聞社）などがある。

一八世紀になると、小袖模様の雛形本『新板風流雛形大成』(一七一二年)に初めて「かうりん(光琳)の梅」が載る。以後、光琳菊、光琳松、光琳桔梗など、光琳風の小袖が流行し、同年、京の二条御所南には、乾山の焼物を売る店ができる。一九世紀には、難波の絵師、芳中が『光琳画譜』(一八〇二年)を江戸で出版。名門大名家に育った江戸の抱一は、光琳百年忌に『光琳百図』(一八一五年)を世に出した。抱一は洒脱、芳中は飄々とした味わいだが、ともに光琳を敬慕してやまず、顕彰につとめた。こうして、いよいよ〈琳派〉は市中に広がり、雅俗混淆して、市民の生活を彩ってゆく。

そこで、有斐斎弘道館では京菓子の意匠に〈琳派〉を選んで公募することになった。もとより、京菓子には掌を宇宙とする豊かな意匠の蓄積があり、『男重宝記』巻四(一六九三年)では、すでに二五〇種を数える。そこには、生もの相手の素材と技術の工夫があっただろう。応募作の〈それぞれの琳派〉を調製した菓子職人の話が秀逸だった。「どんなデザインでも、受けて立つ」というのである。たとえば、応募者が仁清の茶壺を原作に選んだならば、そのデザイン画は一旦、平面に描かれ、さらにそれを立体におこして菓子にするので、造型は二転する。「そこが、また面白い」と。〈琳派〉とは、どんなに意表を突いた意匠でも製作してみせるという、職人の誇りとの合作だったのだと、あらためて思った。

硯箱
Writing Box

私淑によって継承されてきた琳派に通底する精神を、「不易流行」という言葉に重ねて作品化した。上層面は琳派の大胆な構図（流行）を象徴的に、下層では琳派の主要な題材である花鳥風月の普遍的な美（不易）を表現する。上層のストライプからは不易の層が見え隠れする。直線的でシンプルな造形ながら、創菓には高度な技術が用いられている。

錦玉・淡雪羹製／Kingyoku

The spirit of Rimpa, celebrated and carried through ages, has been characterized as both "transient and the immutable." The upper layer of this piece is an abstract expression of the bold composition (the transient) of Rimpa art, while the bottom layer reflects the immutable beauty of Nature, the main source of inspiration for Rimpa artists. The base layer is partly covered by the stripes on the top. While it is a fairly simple design, creating the actual confectionery requires highly skilled technique.

尾形光琳「八橋蒔絵螺鈿硯箱」
（東京国立博物館蔵）
Image: TNM Image Archives

しだれ紫

Purple Veil

着物や蒔絵、焼き物などにほどこされる光琳の意匠は、生活を華やかに飾ってきた。元となった藤の図案は着物用であろうか。この菓子では羊羹(ようかん)と錦玉を用い、大胆な光琳の画面構成を引用している。錦玉にほのかに滲(にじ)む藤は、俵屋宗達以降、琳派の代表的な絵画技法である、たらし込みによる滲みをも思わせる。

羊羹・錦玉製／Yokan, Kingyoku

Korin's designs have brought colour into people's lives, being used on kimono, lacquerware, pottery and so on. The sketch of a wisteria, which became the inspiration for this piece, was originally a design for a kimono. Using *yokan* and *kingyoku*, the author reflects Korin's bold composition. The hazy image of a wisteria in a *kingyoku* base reminds us of the *tarashikomi* (feathering) technique typical for Rimpa artists from the period after Tawaraya Sotatsu.

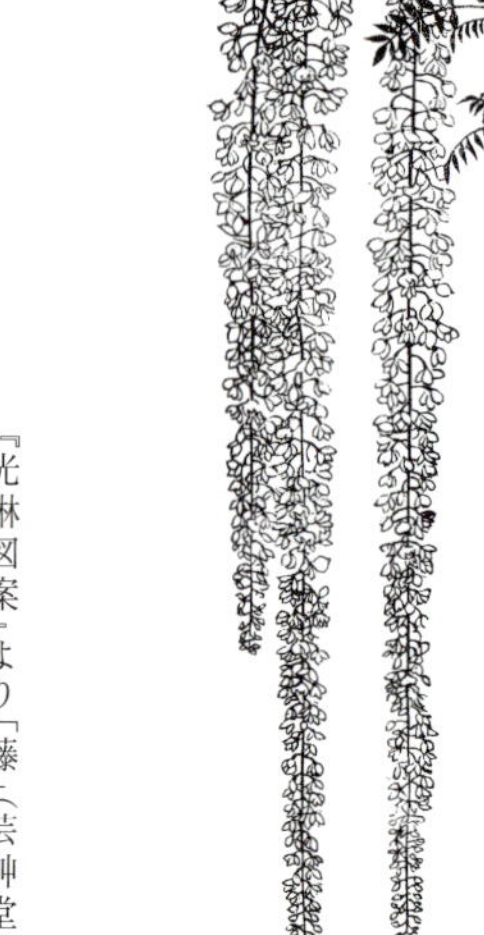

『光琳図案』より「藤」(芸艸堂蔵)

空を仰ぐ樹

Trees Reaching for the Sky

気高く、すっと立つ雑木林の凛(りん)とした空気感が感じられる「雑木林図屏風」を、最大限まで抽象化させつつ、色彩と薄く入れた縦筋のみで菓子の中に表現している。全体に対する緑の分量が絶妙のバランス。地に用いている部分は「こなし」そのものの色。抽象的に表現する京菓子らしさがよくあらわれている。

こなし製／Konashi

"Trees," a screen painting of a forest greenery, has been here turned into a highly abstract piece using only light colouring and vertical lines. The author has achieved a perfect balance between the green accent and the base, which is in the natural color of *konashi*. This kind of abstract expression is very typical for *kyogashi*.

「雑木林図屏風」伊年印（フリーア美術館蔵） Freer Gallery of Art, Smithsonian F1962.30-31

背景

Background Scenery

琳派の作品に多く見られる金箔をほどこした背景。その「背景」を主役に仕立て上げた。羊羹のマットな質感と金箔の硬質な輝きが対比をなし、印象的な市松模様を作る。その市松を錦玉で閉じ込めることで、一層金色の光がゆらめく。菓子をいただく時の「背景」となるであろう露地の景色にも思いが向かう。抽象表現だからこそ、食する人それぞれの心にイメージが広がる。

羊羹・錦玉製／Yokan, Kingyoku

The dominant part in this piece is gold leaf, a medium widely used as a background in Rimpa paintings. The contrast between the matte *yokan* and the shiny gold leaf creates an impressive checkered pattern. Using *kingyoku* as the top layer gives even more luster to the whole impression. It also reminds us of a tea ceremony garden, which is the background setting for eating sweets in a tea gathering. The minimalist design triggers the imagination of each consumer.

ポンポン玉
Pom Pom

色とりどりの小さなキューブがぎゅっと詰まったかわいい菓子。琳派で多用される金箔の輝き、鮮やかな色使いを、現代的なセンスとアイディアで表現し、見て楽しい菓子となった。透明感のある色彩の融合が、まさに現代の琳派といえよう。「ポンポン玉」という銘からも、さまざまな想像を膨らませることができる。

錦玉製／Kingyoku

A bunch of small colourful cubes put together in a very playful sweet. The luster of gold leaf, a medium widely used by Rimpa artists, together with the use of vivid colors, create a very modern and fun piece. One could say that the combination of translucent hues is representative of present-day Rimpa. The name Pom Pom inspires one's fantasy.

十六夜 －izayoi－

A Sixteen Day Old Moon －izayoi－

波や水、月といった琳派の作品によくあらわれる題材をイメージして作られた。丸窓から光が差し込み、色の層を透過することで菓子の色が変化する。夜明けの瑠璃色、月夜の輝き…、想像を膨らませて楽しむ菓子である。透明感を重視させたため、縦に自立させるという形状になった。この新しい発想が見る者を楽しませる。

錦玉製／Kingyoku

This piece draws inspiration from typical Rimpa motifs such as waves, water, or moon. The light shining through the round window permeates different layers, creating a variation of colours-deep blue of dawn, radiance of the moon... . The author has created a very unique piece that really triggers one's imagination. In order to emphasize the feeling of translucency, it has been placed vertically, creating a new concept that is very intriguing.

Day and Night 光琳×Escher

Day and Night Korin vs. Escher

作品タイトルでも示されている通り、光琳の描く千鳥（38頁参照）と、トロンプ・ルイユ（騙し絵）で有名なマウリッツ・コルネリス・エッシャーの絵画「昼と夜」を題材にしている。千鳥の和三盆は、京菓子としてポピュラーだが、配置や色の組み合わせによって新しい表現とした、ウィットに富む遊び心あふれる作品。

和三盆製／Wasanbon

As it is apparent from the title, this work is inspired by the motifs of plovers in Korin's sketches (see page 38), and by M. C. Escher's famous woodcut "Day and Night". Plovers (*chidori*) made out of *wasanbon*, have long been a staple among *kyogashi*. By giving original colours and layout to a traditional design, the author has created a very unique and witty piece.

マウリッツ・コルネリス・エッシャー「昼と夜」
M.C. Escher's "Day and Night"

青と光琳

Blue and Korin

「燕子花図屛風」(82頁参照)における、燕子花の鮮烈な群青が、私たちに強い印象を残すように、「色」は作品を印象づける重要な要素である。この菓子では、「燕子花図屛風」の印象的な「青」とリズミカルな画面構成をストライプで表現し、丸、三角、四角という普遍的な形に閉じ込めた。見るだけで心が躍る軽やかな雰囲気が魅力的な菓子である。

生砂糖製／Kizato

The importance of colour in this piece reminds us of the magnificent use of vivid blue in "Irises" (see page 82). The author conveys the colour and the rhythmical composition from the painting, creating a series of simple striped shapes. The resulting sweets are very attractive, giving a light, ephemeral impression.

酒井宗雅から琳派を考える

太田宗達

「琳派」は、ごく近年になって使われはじめ、今では世間に定着した言葉である。

琳派という概念は、いつ生まれたのであろうか。私見であるが、酒井抱一（一七六一〜一八二八）によって文化十二年（一八一五）に開催された「光琳百回忌」をもって「琳派という思想」が誕生したのではなかろうか。姫路藩主であり、茶人としても著名な酒井宗雅の弟である抱一は、アーティストとしてこれ以上ない環境にめぐまれ、自身も画家としての秀逸な才能にあふれていた。「光琳遺墨展」を開催したり、図録ともいえる『光琳百図』を出版した。抱一による、光琳の発見。それは、狩野派や四条派、円山派のような職業画家でなく、自由な意思で絵を描く芸術家であり、師弟関係ではなく、その作品に感じ入り、技法を手本に模倣するスタイル。この時、抱一は「我等迄　流れをくむや　苔清水」という句を詠んだ。これは、現在まで続く日本の芸術の一大潮流「琳派の成立を宣言した」ともいえようか。

この、琳派の潮流の特徴として、建仁寺に伝わる俵屋宗達の「風神雷神図」の模写という行動を指摘することができる。もともと、この屏風は、光琳の弟・乾山が鳴滝に開いた窯の近くにある、建仁寺の末寺・妙光寺にあったとされている。そういった関係により、光琳が「風神雷神図」に出合い、模写したと考えられている。文政年間（一八一八〜三〇）頃、この光琳の模写図を、抱一がさらに写す。抱一はこの図が光琳のオリジナルと考えていたらしく、その後、狩

おおた・そうたつ
昭和三十二年（一九五七）、京都生まれ。島根大学農学部卒。京都工芸繊維大学大学院後期博士課程修了。工学博士。有職菓子御調進所「老松」主人。食文化、宴会論を専門とし、同志社大学特別講師、立命館大学非常勤講師などもつとめるとともに、国内外でユニークな茶会を開催する茶人としても知られる。著書に『茶道のきほん』（メイツ出版）、『京の花街　ひと・わざ・まち』（日本評論社）などがある。

野探幽、鈴木其一、葛飾北斎、今村紫紅、安田靫彦、前田青邨、富田溪仙などの大家から、現代美術家、イラストレーターにいたるまでが模写を重ねていく。ここに、琳派と宗達がつながる、後付けともいえる因が結ばれたのであろう。ようするに、琳派とは「私淑」の連鎖であろう。

菓子の意匠を考えるという行動も、これによく似ている。意匠の創造は、日頃より自然に向き合い、よく観察し、それを自己の思考の回路という装置を通して、五十グラムの立体造形に置き換える行為である。しかし、自己の茶席菓子の創菓歴を振り返ると、現在「琳派」と呼ばれている絵画作品に直接影響されてきた。特に、抱一の作品に触発されたことが多い。この要因は何か。直接的なこととして、抱一の兄である、宗雅が気になった。ご存知の通り、江戸時代の大名茶人である松江藩の松平不昧との交友は有名である。茶席菓子の銘の研究にとっても重要な資料である『逾好日記』という宗雅の茶会記には、彼が茶会に用いた菓子が詳しく記載されている。

では、その中から、銘と考えられるものを拾い上げてみよう。「波の花」「沢の月」「白鬚松」「ともしらが」「浪の花」「卯の花餅」「薄氷」「芝の雪」「田子のうら」「小倉野」などが見られ、琳派と呼ばれる作家たちの画題のようなイメージがある。

宗雅も不昧も、その茶の湯の範としたのが、小堀遠州である。遠州の藤原定家に似せた書体を、彼らも模したといわれている。遠州の交流の相手に、琳派の遠祖ともされる本阿弥光悦がいる。光悦の訃報を聞いた時、その養嗣子の光瑳に宛てた遠州の書状は有名である。このあたりの符合について、今後資料の検討を重ねることで、いろいろ面白いことが発見できるのではないだろうか。

燕子花
Irises

琳派の大成者、尾形光琳が描いた「燕子花図屏風」。燕子花の鮮烈な色彩、型紙を用いたリズミカルな反復と配置。現代においても新しさを感じさせる本作は、京菓子でもさまざまに引用される。ここに紹介する四点も、燕子花という題材の再現に留まらず、画面構成や反復など、燕子花図の特徴を京菓子に置き直して表現している。

"Irises" is a screen painting by Ogata Korin, the author who has perfected the style of Rimpa school. Characterized by a vivid blue of the flowers and a rhythmical composition achieved by the use of a stencil, it feels very fresh even from a contemporary point of view. It has been widely used as an inspiration for *kyogashi*. The four pieces presented here go way further than just using the motif of an iris; they express the structure, repetition and other features of the original artwork, transferring it into the world of *kyogashi*.

尾形光琳「燕子花図屏風」(根津美術館蔵)

Minimal Art KORIN

もっともシンプルな表現で「燕子花図屏風」を想起させる作品に仕上げた。京菓子の抽象的な特徴をよく示している。

Here, the author expresses Korin's "Irises" in the simplest possible way. The abstract nature of *kyogashi* is portrayed very well .

羊羹製／Yokan

兎子花（かきつばた）

Irises

琥珀製、洲浜製／Kohaku, Suhama

薄茶席で出される干菓子（ひがし）の二種盛りで表現。花弁（かべん）の1枚を手に取れば、兎（うさぎ）の形。「兎子花」の文字が浮かぶと、より楽しめる。

In the *usucha* ("thin tea") tea ceremony, it is common to serve two kinds of *higashi*. The flower petals are shaped like a rabbit (note: one of the ways to write "iris" in Japanese uses the character "hare") and can be used on their own.

かきつばた

Irises

埋め込み技法を用い、落雁（らくがん）の切出しに挑戦した作品。
落雁を用いることで、やわらかさを出している。

Using the technique of *umekomi* (embedding), the design in this piece is hidden, revealed only after cutting of the *rakugan*. The material itself gives a very soft impression.

杜若
Irises

花を主菓子(おもがし)、茎(くき)と葉を干菓子で表現し、同時に盛ることで「燕子花図屏風」を的確に立体化している。

The flowers are made into *omogashi*, while the stems and leaves are *higashi*. When served together, they create a faithful image of the "Irises" screen.

こなし製、洲浜製／Konashi, Suhama

菓子作者一覧

燕子花

掲載頁	作品名	作者
27頁	紅白梅図	片岡聖子
31頁	風神雷神×唐獅子	秋山亜弓
32頁	二神一体	寺田庄吾
33頁	風神雷神の福笑い	小林弘典
35頁	群鹿	上坂優太朗
37頁	海の幸	藤本志歩
39頁	千鳥	久永弘昭
41頁	野に遊ぶ	岸 佳也
43頁	Chu♡n	内海利恵
49頁	富士と太陽	田渕詩織
51頁	白梅紅梅	片岡聖子
53頁・裏表紙	蔦図光琳	植村健士
55頁	遊仙	田辺恵子
57頁	秋興	寺田庄吾
59頁	竜田川	久永弘昭
61頁	凛	岡田紗楽
65頁	硯箱	鈴木里美
67頁	しだれ紫	藤本志歩
69頁	空を仰ぐ樹	泉 有加
71頁	背景	別府昌美
73頁	ポンポン玉	秋山亜弓＆田中優子
75頁	十六夜―izayoi―	磯邊恵美
77頁	Day and Night 光琳×Escher	永田貴子
79頁	青と光琳	田中優子
83頁	Minimal Art KORIN	和田梨華子
84頁	兎子花	杉山早陽子
85頁	かきつばた	上坂優太朗
86頁	杜若	上山恵美
87頁	燕子花	今村友紀
表紙	鶴	田中優子

おわりに

勝治真美

琳派も京菓子も、捉えどころがなく、全貌が摑めない。「琳派」と一言でいっても、雅びで装飾的なものから、微笑ましい愛らしさを持つものまで、私たちが受ける印象の幅はかなり広い。一方の京菓子も、決まった形があるわけではない。茶席においては、菓子はその都度のテーマに合わせて、または季節に合わせて誂（あつら）えられる。同じ菓子は二度とない。

両者ともさまざまであり、一言でいいあらわせないような多様性があるにも関わらず「ああ、これは琳派だ」「そうだ、これぞ京菓子だ」と、納得させる何かがある。それは一体、何であろうか。

本書で紹介した、伝統的なものから現代の創作菓子まで、「琳派」をテーマに選ばれた菓子を眺めていると、ぼんやりとその答えへのヒントが浮かんできた。

自然への愛着と畏敬、そして先人たちへの敬意。自然をとくと観察して描く、という真摯な姿勢を持つこと。「私淑による継承」といわれるように、違う時代に生きた先人たちの仕事に敬意を持って向き合うこと。そんな姿勢が、琳派にも京菓子にも垣間見える。

琳派も京菓子も一筋縄ではいかない。変化し続けることで生き続ける。これからも新しい琳派が、新しい京菓子が、生み出されていくはずだ。私たちは、それを楽しみ続ける使命があるといえよう。

末尾になったが、本書の上梓にあたり、ご協力いただいた関係各位に感謝申し上げるとともに、遅々として進まない原稿についてご助言をいただき、根気よくお付き合いくださった淡交社編集局の河村尚子さんに謝意を表したい。

有斐斎弘道館について

弘道館は、江戸時代中期の京都を代表する儒者・皆川淇園（一七三四〜一八〇七）が創設した学問所です。淇園は「開物学」という独自で難解な学問を創始するとともに、詩文や書画にも優れた風流人で、門弟三千人が集いました。有斐斎弘道館は、この址地に建てられた数寄屋建築がマンションになりかけたことから、建物ならびに庭園を保存するとともに、現代の学問所として開館し、伝統文化を楽しく学ぶ講座や茶会、展覧会などを開催しています。ぜひ一度、弘道館サロンに足をお運びください。

〒602-8006
京都市上京区上長者町通新町東入ル元土御門町524-1
電話　075-441-6662
http://kodo-kan.com

京菓子を知るための基礎知識

日本の菓子は、京都の歴史と風土の中で育まれ、江戸時代に「京菓子」として大成した。

京菓子は、宮廷の行事や公家の風習、神社仏閣の儀式に用いられた神饌・供饌に加え、禅と茶という三要素を母体として、中国から伝来した唐菓子や点心、キリシタンがもたらした南蛮菓子などを取り込みながら、日本独自の菓子としての地位を確立させていった。

京菓子が大成したのは、元禄期（一六八八〜一七〇四）とされる。元禄文化を背景に、町人の台頭とともに菓子を楽しむ風習が、貴族から庶民の生活に普及しはじめたためとみられる。

京菓子の原材料

菓子は、扱う材料によって大きく左右される。その主原料となる、小豆、山芋、砂糖、そして水に至るまで吟味し、調整することが大切である。

【餡について】

餡とは、中国語における詰物の意である。餡は、漢音で「カン」、宋音で「アン」と読み、十二世紀頃に博多あたりに上陸したものと考えられている。

日本では、小豆を煮て砂糖を加えたものを「餡」といい、大きく分けると「粒餡」と「漉し餡」に分別できる。その他、白餡や黄身餡、白餡に色粉で色をつけたものなどがある。その調合により、菓子屋ごとに特徴が異なり、好みの味を探すのも楽しみの一つである。

◉**小豆**［あずき］　和菓子の重要な構成要素としての餡の主要な材料である。日本を含む、東アジアを原産地とする小豆の赤色の霊力への祈りが小豆を原料とする食品の特徴ともいえる。京菓子の場合、おもに粒の大きな丹波産の「丹波大納言」を原材料とする。

◉**白小豆**［しろあずき］　白インゲン（手亡豆）にくらべ、さっぱりとした風味が特徴である。発祥の地ともいわれる岡山県北部地方から「備中」とも呼ばれる。

【山芋について】

山芋（つくね芋）をすりおろし、生地（饅頭皮）のつなぎなどに使う。関西は丸い形状の丹波つくね芋を使用する。「薯蕷」と書いて古くは「やまのいも」とも読んだ。薯蕷（上用）饅頭の主原料である。

【粉について】

菓子の製法に応じて、さまざまな粉が使用される。また、その粉の原材料、熱入れの加工方法、粉砕方法などにより分類される。

◉**いり粉**［いりこ］　糯米を蒸して乾

燥させ、煎り上げたもの。砕いた大きさにより、丸種・荒粉種・真挽粉・みじん粉などに分別される。

◉**カルカン粉**［かるかんこ］　鹿児島産の芋の粉。幕末期より使われ、純白の素材の特性を活かして着色を楽しむことができる。

◉**寒梅粉**［かんばいこ］　糯米を蒸して搗いた餅を、焼き色がつかないように焼き、細かく製粉したもの。梅が咲く寒い時期に新米を粉にしたことから名づけられた。

◉**きな粉**［きなこ］　大豆を煎り、挽いて、粉にしたもの。仕上げにまぶしたりする。まぶす素材に対して、煎り加減、粗さ加減を選択する。

◉**葛粉**［くずこ］　夏の菓子の主原料であり、吉野産のものを珍重する。室町時代より「スイセン」という名称で、粽などにも用いてきた。初夏の頃は透明で用い、夏が進むにつれ、色を深めて用いたり、晩夏の頃は黒砂糖と合わせ、夏の季節の名残の表現として使う。

◉**氷餅**［こおりもち］　餅を寒中に凍らせて砕いたもの。仕上げにまぶしたりする。菓子の表面をコーテイングすることで、乾燥を防ぐ役割もある。

◉**小麦粉**［こむぎこ］　小麦粉にはグルテン（麩質）の強弱によって、強力粉・中力粉・薄力粉に分別されるが、和菓子には薄力粉がよく使われる。京都においては、こなしの重要な材料となる。

◉**米粉**［こめこ］　粳米を精白し、少量の水分を加え、非加熱で製粉したもの。粗さにより、しん粉・並新粉・上新粉などの種類に分けられる。

◉**上新粉**［じょうしんこ］　米粉の一種で、団子や洲浜などに用いられる。

◉**上用粉**［じょうようこ］　米粉の一種。上新粉より粒が細かく、饅頭や餅菓子などに用いられる。

◉**白玉粉**［しらたまこ］　糯米を水洗いして水挽きし、沈殿したものを乾燥させて細かくした粉のこと。

◉**そば粉**［そばこ］　そばの実を挽いた粉で、薯蕷饅頭の素朴な色づけなどに使う。茶席菓子などでは、アクセント（製菓用語としては「におい」という）に、挽いていないそばの実を用いることもある。

◉**道明寺粉**［どうみょうじこ］　水浸けした糯米を蒸して乾燥させ、篩にかけて粗挽きして粒を揃えた粉。大阪府藤井寺市にある道明寺の保存食とされていたのが、名称のはじまり。京都では桜餅や椿餅の材料となり、茶席用としては「六割」という微細に砕いたものを用いる。

◉**本わらび粉**［ほんわらびこ］　わらびの根から採取された澱粉から作る上質のわらび粉は、茶色か灰色をしている。このわらび粉を火にかけ、練り上げた餅は、古く奈良時代より食されてきた記述がある。醍醐天皇が好むあまり、大夫の位をわらび餅に授けた話も伝わっている。

◉**みじん粉**［みじんこ］　道明寺粉をより細かく挽いた粉。切出しなどのつなぎに用いる。

◉**餅粉**［もちこ］　糯米を製粉したもの。餅菓子や求肥などに用いる。

【砂糖の種類】

京菓子に使用する砂糖は、その粒子の粗い順に、氷砂糖・白双糖（ざらめ糖）・中双糖・グラニュー糖・上白糖・三温糖・和三盆糖・粉糖などに分けられる。

日本には、奈良時代に鑑真和尚によってもたらされたものと伝承されており、十六世紀の南蛮菓子の移入時期に製菓原料としての地位を確立した。

◉**ざらめ糖**　純度が高いざらめ糖は、あっさりとした食感を出し、また、彩色の明度を上げるため、菓子に多用される。

◉**和三盆糖**　讃岐、阿波の四国東部がそのおもな産地である。盆の上で三度揉み込むため、この名称がついたといわれる。わずかの糖蜜が残っていて風味がよく、口溶けがよいため、落雁の材料として珍重されている。

和菓子の種類

和菓子は、その水分含量により「生菓子（主菓子）」「半生菓子」「干菓子」に大別される。「和菓子」の言葉の概念は、幕末期に西洋の菓子が移入された時、西洋菓子の対立概念として成立した。和菓子の中でも「京菓子」は、その伝統的文化的産地としての特性から「有職儀式典礼および茶道に用いる」と定義され、世界でも独特の進化を遂げたものである。

主菓子の種類と製法

主菓子とは、濃茶をいただく茶席で用いられる蒸菓子・生菓子をいう。茶事における懐石の最後に出され、その後「中立」そして「後入」をして濃茶になるが、現在のおおかたの茶事では、床にあるその茶事のテーマとなる掛軸の前で主菓子をいただき、濃茶を喫する時には掛軸は外されている。ゆえに、茶会ごとに掛軸の内容に応じて主菓子を考案したり、主菓子を直接盛る菓子器への考慮も必要である。現在においても、茶席の主菓子の製作は、茶会の趣向をたずね、二次元のスケッチを起こし、材料のレシピを考え、三次元のおよそ五十グラムの立体造形を構築する作業である。また、「銘」という名前を、菓子屋は依頼者とともに考案する。五感の中でも聴覚を重視する、世界でも珍しい食品である。

そのおもな種類は次の通り。

「こなし」と「煉切り」［ねりきり］

茶会などで「こなし」製の菓子が出ると、京都以外の方（最近では京都の方も）は「煉切りですか？」とたずねる人が多い。また、菓子を注文する際にも、「こなし」製の見本を見て、「この煉切りにしといて」などという人が増えている。しかし、実際には、京都の菓子屋の場合、煉切りを作るということはあまりないのが事実である。これは、茶道と結びつきの深い京都においてのみ「こなし」が発達したためであろうが、その外見の類似のためによく混同される「こなし」と「煉切り」は、その製法、材料からして全く異なるものである。

「こなし」は、備中白小豆の漉し餡に小麦粉と少しの上用粉などを加えて蒸し、その後に砂糖を数回加えて、手で揉み上げる。その揉み上げる動作の古語「熟（こな）す」が名前の由来であろうか。色は蒸し加減にもよるが、少し茶味を帯びており、着色するとわびた感じの発色となり、茶席菓子における抽象的造形に適している。

「煉切り」は、白インゲンなどの白餡に、求肥（水飴入）を加えて火にかけて練り上げたもので、名前の由来はその製法よりきている。「こなし」よりははるかに日持ちし、その外側は乾燥に強い。また、色濃く仕上がるため、色がはっきりして写実的に仕上げられることが多い。

京菓子としての「煉切り」は、つくね芋を蒸して裏ごしして、砂糖を加えて練ったものをいう菓子屋もある。

餅［もち］、**求肥**［ぎゅうひ］、**雪平**［せっぺい］

米を粉にして餅とすることは、日本では、遣唐使（けんとうし）による唐菓子の移入と、神饌菓子が小麦粉から米粉へと変化する事実により、平安時代初期から行われていたのではないかと推測されている。江戸時代になると、餡だけでなく餅にも砂糖を入れて、より美味で硬化の遅い生地（きじ）に工夫され、そのため、江戸時代後期に茶席菓子としての地位を確立したものであろう。しかし、この三種に関してその違いを明確に認識することは菓子屋でも難しい。まず、その材料となる餅粉であるが、地域が変わると同種別称が多くあり、また店々でも異なる。

「餅」と称するものは、餅粉に水と少量の砂糖を加えて蒸したものである。

対して、「求肥」とは、牛皮に似ているので長らく「牛皮」といわれたもので、白玉粉にその倍以上の砂糖を加え、また餡なども加えてよく練り上げる（さまざまな製法がある）。求肥は、餅のように固くならずに日持ちする。

また「雪平」とは、求肥に卵白（らんぱく）と白餡を足したもので、細工がしやすく、着色するのにも向いている。

京都の茶席菓子としては、求肥より餅が重んじられる。しかし、日持ちのよい求肥は、多量に製造する場合に有効である。その他、キメの細かい「羽二重（はぶたえ）」も、餅の一種である。

葛［くず］製と外郎［ういろう］製

どちらも透明感のある素材である。

葛は夏の茶席菓子の代表ともいえる。その素材としての名は、古い文献(『延喜式』)にも見え、室町時代より菓子として存在していたようである。六月頃は「水牡丹」のように、透明なままで中の餡の色を見せることで表現されることが多く、夏に向かうにつれて色を足したり、中の餡を透けて見せることで、外側の葛の着色の重なりによって、「緑陰」などのような光の陰影の表現へと変化してゆく。盛夏を過ぎると、粉どりした「葛焼」などのように半透明にし、また、葛と餡を混ぜることによって名残りの表現へと変わり、最後にはふかした百合根に黒砂糖と合わせた「初雁」へと、夏の終わりを実感させる素材にもなる。つまり、その生地の半透明感を、茶会の趣向に合わせるのが有効である。

外郎生地は、鎌倉時代に元の陳宗奇によってもたらされたものとして、米粉である上用粉をおもに、葛や餅粉を加えて蒸したものである。初夏の「青梅」や「唐衣」は有名である。

きんとん

芯になる餡玉に、裏ごしをしたそぼろ状の餡を周囲につけた菓子。その配色、色の重ね方により四季が表現され、的確な銘がつけられると、芸術の世界へと誘う。世界的にみても、色彩のみで時間の推移を表現する貴重な食べ物であろう。

薯蕷饅頭［じょうよまんじゅう］

穀類の粉で皮を作り、中に餡を入れて蒸し上げたものと定義できる。特に茶席菓子としては、上用粉を主原料とし、膨張剤として山芋を使ったものがその代表であろう。「上用」とも表記される。

京都では、すりおろしたつくね芋にキメの細かい上用粉と砂糖を合わせて生地とする。関東系は少しキメの粗い上新粉に砂糖を合わせてから大和芋(扇状)をすりおろし、こねつけてゆく。

他に、小麦粉にイスパタや重曹を加えた「薬饅頭」がある。

茶席菓子以外の饅頭は、「吹雪」と呼ばれる餡の透けて見える「田舎饅頭」、十一月の「お火焚饅頭」などがあり、素朴で野趣のある表現となっている。黒砂糖を入れる「利休饅頭」もその仲間である。また、酒かすや麹を使った「酒饅頭」も温めて蒸籠や食籠に入れてお出しすると、その湯気と香りが菓子の演出ともなるであろう。

羊羹［ようかん］

熱した寒天液に、小豆の漉し餡をまぜ合わせ、冷やし固めたもの。

錦玉羹［きんぎょくかん］

煮溶かした寒天液に、砂糖や水飴を加え固めたもの。「琥珀糖」ともいう。

その他

淡雪羹、村雨、軽羹、浮島などがあり、また、半生菓子として、最中や松露、桃山などがある。

干菓子の種類と製法

干菓子とは、国の規格でいえば、水分が二十パーセント以下の菓子である。ちなみに、水分が三十五パーセントまでの菓子を「半生菓子」と呼び、それ以上の水分を含有する菓子が「生菓子」である。

茶席においては、江戸時代中期の「惣菓子」の流れから、干菓子は分かりやすく具象的に作られ、薄茶の前に二、三種の盛りつけで出される。

その大まかな種類は、次の通り。

切出し［きりだし］

寒梅粉やみじん粉という、糯米の粉を詰めて作ったもの。方形のものを切り出して用いるので「切出し」という。また、地域によっては、木型で押し出すため「おしもん」と呼ぶ場合もある。

落雁［らくがん］

さまざまな意匠を彫り込んだ木型に、寒梅粉やみじん粉と砂糖を合わせ、固めた菓子。その発生において、韓半島の生の米粉を蒸した菓子群を遠祖とし、本朝における神饌の「粢」を遠源としている。また、名称は瀟湘八景の「平沙落雁」に由来し、本願寺との関連が指摘されている。「打物」と呼ぶ場合もある。

有平糖［ありへいとう］

砂糖蜜を煮詰めたもので、十六世紀に、南蛮菓子の移入および砂糖の生産供給の安定によって定着した。有平糖の呼称は、ポルトガルの菓子「アルフェロア」に由来している。なお、日本古来の飴は、澱粉を主原料として砂糖以前の甘味として重宝されてきた。

煎餅［せんべい］

餅を鉄製のはさみ型ではさみ、焼成したもの。「ふのやき」と呼ばれるもの、「そぎ種」と呼ばれる薄いものがあり、焼き印を押したり、色蜜を刷いたりして意匠する。

洲浜［すはま］

洲浜粉（大豆）と砂糖を練って作ったもの。松葉やわらびなど、単純な造形のものが多い。

生砂糖［きざとう］

上白糖に寒梅粉を五対一ぐらいの割合で練りつけて、着色したもの。型抜きの干菓子として、また、工芸菓子には欠かせないものである。

寒氷［かんごおり］

寒天を加えた砂糖蜜を冷やして固め、抜き型などで抜いて焙炉で乾かしたもの。「琥珀」ともいう。

監修・執筆　濱崎加奈子（はまさき かなこ）

京都大学文学部（美学美術史学）卒。東京大学大学院総合文化研究科（表象文化論）博士課程修了。学術博士。伝統文化に込められた知恵と美意識から学び・遊び・広める「伝統文化プロデュース連」を主宰。現在、公益財団法人有斐斎弘道館館長のほか、専修大学文学部准教授、北野天満宮和歌撰者などとして、多方面で活躍。著書に『ふろしき』(PIE INTERNATIONAL)ほかがある。

編集・執筆　勝冶真美（かつや まみ）

広島市立大学国際学部卒。公益財団法人有斐斎弘道館学芸員を経て、現在、京都芸術センタープログラムディレクター。工芸をはじめとする展覧会やワークショップの企画、コーディネートを行う。企画したおもな展覧会に、有斐斎弘道館の「京菓子と琳派―意匠と創造」展（平成25年）、「手のひらの自然―京菓子と琳派」展（同26年）などがある。

協力／杉山早陽子　植村健士
翻訳／クリスティーナ・チースレロヴァー　パヴェル・チースレル
写真／大道雪代（ダイドーとフォト）
菓子製作／有職菓子御調進所 老松
装幀／佐々木まなび　國府佳奈（goodman inc.）

京菓子と琳派　食べるアートの世界

平成27年8月24日　初版発行

監　　修　濱崎加奈子
編　　集　勝冶真美
発 行 者　納屋嘉人
発 行 所　株式会社淡交社
本社　〒603-8588　京都市北区堀川通鞍馬口上ル
営業 Tel. 075-432-5151　編集 Tel. 075-432-5161
支社　〒162-0061　東京都新宿区市谷柳町39-1
営業 Tel. 03-5269-7941　編集 Tel. 03-5269-1691
http://www.tankosha.co.jp
印　　刷　ニューカラー写真印刷株式会社
製　　本　株式会社 オービービー

ISBN978-4-473-04039-8